U0005886

100隻傳說中的貓

斯蒂凡諾・薩爾維亞蒂（Stefano Salviati）◎著

宋岩◎譯

晨星出版

推薦文

輕巧走過記憶屋簷的貓

名插畫家／恩佐

記得在我八歲的時候

有一天

哥哥在放學途中撿了一隻黑色虎斑的米克斯貓

我清楚記得

那一天下午我們幾個小孩手忙腳亂

準備了課本裡有關貓咪愛吃的食物給牠

但是

我現在回想起來眞是難爲了那隻小貓

牠面前端上的是一大碗魚.....骨頭

就差沒有一隻活跳跳的老鼠

可是當天晚上

牠是被媽媽近乎拋鉛球的方式逐出家門

只是

牠也許注定要陪伴我們一段的

也或者可以說

不久媽媽就被牠算計了

在被拋出的那一夜

小貓其實沒有離開

第二天清晨牠偷偷的溜了回來

然後乖乖的蹲坐洗手槽下

不吵鬧的用圓圓的雙眼看著媽媽做早餐

小孩對動物總是有莫名的情感

可大人何嘗不是

他們其實也只是大了點的孩子

只是理性這東西讓他們變得看似冷血無情

他們往往要眼見動物一些特殊的表演

這特殊的表演是人類對動物人性的期待

說穿了

人總在尋找自己與其他物種間的獨特經驗

然而最後我們不難發現

這些人性的表現有時只是動物的本能

而被人類賦予過多的意義

只是這又如何

貓咪總是將人類的期待與自我的野性調和得最好

在牠住下來的那幾年

每當我們睡晚了

牠會來咬我們的耳朵

當時爸媽常說這貓咪實在太有靈性了

不過現在想來

牠應該只是肚子餓

提醒我們該放飯了

在大家的寵愛下

牠一待就是七八年

從一隻瘦弱的小貓

變成了英挺的大公貓

當然他也懂得撒嬌

（尤其是天冷的時候）

每天我們放學牠就在院子等待

但是大家外出的時候

他卻是溜出去瘋狂的撒野

因爲有太多新鮮的事情

尤其不乏性感妖艶的母貓

關於貓砂
關於貓餅乾
關於逗貓棒
我都是到了都市裡才知道這些玩意
當時住的三合院
周圍是開放的空間
但牠永遠保持的乾乾淨淨的
不需要我們煩心

在牠成熟後的那幾年
我們知道牠總在四處征戰
偶爾帶著幾條抓痕回來
某一天下午
他回家時候背上被撕下了一層皮
那天下午他的雙眼凝視著我們
異常的像說話般的低鳴
然後第二天早上
叫醒我們的換成了鬧鐘
牠再也沒有回來了
之後我們搬到了台北
結束了與牠相處的美好時光

這隻貓叫做咪咪
這世界上也許還有無數的人
被無數叫做咪咪的貓所設計
不過爾後的幾年
我們總希望再養一隻同樣花色的

我的周遭有很多朋友喜歡貓
尤其是女生
她們說貓像是一種魅力的壞女人
自顧自的享受人生
卻可以用最深情的眼神
俘虜你
在都市裡的貓
我常常覺得少了一些狂野的氣味
然而自視優雅的同時
越嚴肅就往往越有逗笑的爆點
不管如何
這或許也是貓的另一種心計
我們就算發現了
卻也心甘情願
這關係像極了愛情

100**隻傳說中的貓**是一本豐富的書
這裡頭
我們可以一窺對貓的種種好奇
或者看看其他人的故事
來比較自己是精明還是太過天真
我們也可當它是本奇幻書來享受
在貓爲這世界所設下的魔境裡盡情遨遊
當然我們也不妨相信這些傳說都是眞的
然後懷疑家裡的那隻嬌貴的貓
其實正偷偷的苦練著巫術魔法

只是最後我們也將不難發現
我們總在不知不覺中再一次被貓偷走了操控權

2006年3月

的傳奇貓的故事。

關於貓的傳說是在何時產生的呢？由於貓的神奇能力，產生了關於牠的眾多神話、傳說和信仰，從而奠定了貓在古埃及中「神」的地位。這種動物不僅可以直視太陽，而且還可以看到黑暗中的事物，這些使牠被奉為人間的神。所以，在貓被傳入歐洲之前，便已經擁有了這項殊榮。再加上從前作家以貓為題材所寫的作品，更是替貓的聲名起了推波助瀾的作用。許多著名的動物史學家，文人，學者，哲人以及著名的希羅多德、亞里斯多德、普盧塔克、卡里馬克和帕拉迪奧斯都曾頌揚過貓。

關於貓的降臨，的確有一個動人的傳說，這個傳說是來自希臘與羅馬文明。當時，由於基督教徒認為，基督教的衰落與貓脫不了干係，於是對貓的態度非常不好。在整個歐洲的中世紀，關於黑貓的傳奇非常流行，牠被看作是女巫的夥伴、撒旦的幫兇，直到後來在十七世紀法國著名童話作家夏爾・佩羅的作品，為貓穿上可愛的衣服、套上漂亮的靴子後，才使貓的形象變得溫和起來。之後，浪漫主義作家為貓寫詩歌；更是作家、畫家、音樂家喜歡的寵物。牠不僅陪在富人身邊，也相伴窮人左右。貓以狗為榜樣，對主人不離不棄，因此牠便成為我們人類的最佳夥伴。貓在家中佔有重要的地位，人們和牠共同生活，牠對人們容忍相待！人們欣然的接受牠的喜怒哀樂，牠也為我們帶來歡聲笑語。根據對貓的研究，貓一開始與人接觸並非為了吃食，而是為了尋找夥伴；牠和我們在一起是因為我們對牠的偏愛，我們和牠一起遊戲，我們與牠心意相通。

隨著大眾對貓的喜愛不斷升溫，貓的形象走進了各個角落；我們在展覽會的頒獎臺上，在各種書籍中，在電影銀幕上，在劇院的舞臺上都可以看到牠的身影。在電視節目和雜誌上，貓也是出盡風頭。貓成了大明星，出版商紛紛以牠作為產品的核心，有牠的商品都很搶手。何以在歷史上，貓會與這麼多傳說中的人物有如此不尋常的關係，現在就讓我們一窺究竟。

100 chats de légende

神話與傳說中的貓

埃及的保護神

在埃及，貓的出現和馴養，可追溯到距今二千五百多年前。爲了使埃及的神位格局產生變化，貓女神「巴斯特」來到人間。在埃及第十二王朝時代（距今大約二千年前），她進入王宮，最初是皇室的乳母，法老後嗣的守護者；其後巴斯特被人奉爲音樂、舞蹈和母性女神。母性女神的神格是由貓的天性延伸而來的；祭司們察覺到貓擁有超強的繁殖能力，在餵奶時，還會俯下身，用自己充裕的奶水去哺餵小貓，並在小貓成長過程中給予關心和愛護。巴斯特女神的神像主要是以石製、銅製和金製材料爲主，其身形酷似直立的女人，卻擁有貓的頭顱，耳朵呈弧形。女神擁有三件明顯的裝飾物──「一件被稱爲叉鈴的樂器、一面神盾，以及柳條編的醫用筐」。而即使在懷胎期間，她也會堅持守護著法老的子孫。

巴斯特也是孕婦、忠貞女子的守護神，並且擔負著在夜裡照顧孩子的責任。不僅如此，她還會保護孩子免受蠍子的螫咬，使他們遠離疾病。她甚至可以變成魔術師和醫師，當她以這樣的形象出現的時候就有了另外三個特徵──「擁有一根魔杖、一個叉鈴琴和明顯的大眼圈。」

孩子們會在脖子上戴上神貓頭像的護身符，甚至在身上刻上神貓的紋身。

人們還把巴斯特這個名字用在受她保護的孩子名字中，像：查思・巴斯特・皮特斯，奈司・巴斯特，巴斯特・昂克，這些都是在埃及的莎紙草書中發現的名字。

在古代神話中，也有關於巴斯特神貓來歷的記載。故事可以追溯到西元前1500年，在一本名叫《太陽之眼》（Mythe do l'oEil du Soleil）的

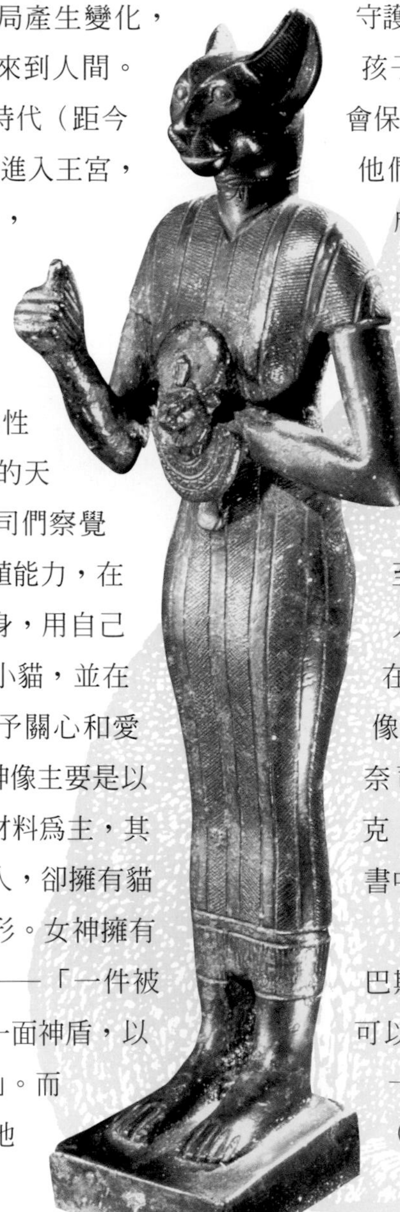

手持叉鈴琴的埃及神貓巴斯特。青銅製，出土於下埃及時代西元前六-四世紀。

幫助被流放者

在一個無月無星的夜，上帝將亞當、夏娃以及他們的孩子，從天堂逐出伊甸園。亞當來到了人間，但是他的到來卻激起大風，使天堂外的動物和人也都漂流過來。第二天，災難又來，大家都對必須面對這接二連三的災難感到非常難過。亞當的第三個兒子雅各布最爲傷心。這時，貓看到他的難過，主動走上前來。牠要他擦乾眼淚，並給他一根拐杖。貓望向黑暗，記住了從天堂來的路。

就這樣，雅各布和他的貓踏上尋找伊甸園的旅途。他們穿過漫長的沙漠，要不是得到來自刺蝟的食物，差點就餓死荒漠。就在雅各布的拐杖開始發芽和開花的時候，天堂之門出現在眼前。

起初負責把守大門、掌管火的天使並不放行，但後來天使被這孩子和小貓找路的勇氣所感動，終於同意讓他們進天堂一個小時，還允許他倆各摘一個水果充饑。

在伊甸園中（1500-1516），獵人是貓的主人。

於是，人和貓都可以把這條通往天堂路線的秘密，由他們的長子一代一代的傳下去，一直傳到世界末日。就這樣，全世界的人都明瞭這個孩子和這隻貓知道這條神秘路線。至於這棵豎在天堂門口的樹，我們將之稱爲「雅各布的拐杖」，因爲它是雅各布根據天使的指令種在天堂門口的。

貓咪，小獅子

對於一個物種是如何誕生的，沒有什麼動物可以像貓那樣，產生如此眾多的傳奇故事。其實，原本也沒有人對貓的誕生作更多的解釋，直到柏拉圖認定貓是古老的亞特蘭提斯大陸消失後的倖存者，這個謎團才被揭開。

在《波斯文學》（Les letters persanes）一書中，孟德斯鳩以詩歌的形式記述了這個傳奇故事──在地球被洪水淹沒的時代，諾亞按照上帝的指示，將世界上每種動物以一雄一雌的形式裝上了方舟。貓卻不在其中，因爲當時牠還沒有在地球上誕生呢！但在這四十個晝夜的航行中，方舟內部出了些問題；在方舟裡，老鼠繁衍迅速，很快便肆虐全船。諾亞對此束手無策，於是他向上帝請教辦法，上帝告訴諾亞：「你把手放在獅子鼻子前，辦法就有了。」照此一做，果然靈驗。英武的獅子先是覺得渾身不對勁，緊接著便打了一個很響的噴嚏，一雄一雌兩隻貓就這樣被打出來。古人以前從沒見過這種動物，後來才明白這種動物是專除老鼠的。

孟卡夫《貓的故事》（Histories des chats）（1727）一書中，記述了另外一個版本。據說，這個版本是由一位名叫木拉的人告訴他的，這個人是駐高門大使的親戚。他說，當時準備上船的這些動物，都必須向管事獻媚才能上去，後來，這些獻媚動物中的一個，與母獅子相愛，並產下一公一母兩隻貓。

動物們在登上諾亞方舟時的情景（1588），貓是在航程中才產生的動物。

遠離牛和驢子

在天主教的思想中，貓從來就不是入流的動物。有很長一段時期，普羅旺斯人裝飾馬槽的配飾上是看不到貓的圖像的。我們只能在上面看到狗、雞、羊、豬和鴿子的像，以及術士的駱駝、牛和驢子。牛和驢子可是用呼吸爲耶穌保暖的功臣。當地人們告訴孩子，貓是因爲捉了小鳥才受歧視，因此不能作爲馬槽的裝飾圖案！

在這幅拜耶穌的畫中（1598），棲身頂樓的貓與大家的位置相差甚遠。

這種觀點與「聖誕日」表演的歌劇《聖・佛朗索瓦・達西斯》（saint Francois d'Assise）所體現的完美主義非常不一樣。馬槽最早見於義大利，而後發展成一種受大家熱愛的精緻藝術，特別盛行於熱那亞和那不勒斯。

在十八世紀，那不勒斯人導演的歌劇《布里賽帝》（Les presep）中，並未表現出聖母瑪利亞在索沃爾生產基督的馬槽故事，舞臺上到處都是代替那些動物的那不勒斯人。在一處古老教堂的佈景中，人們擠在街道和廣場上，從外國引進的動物則受到和家養動物一樣的對待，但卻只將貓表現爲漫不經心的走過魚販和酒館門前，尋找食物的樣子；似乎在說貓的到來，對耶穌的誕生毫無幫助，牠只是爲了填飽自己的肚子而已。

在二十世紀中期，人們流行找貓作爲夥伴。爲了對貓的歧視表示歉意，人們雕刻了一黑及一白的貓像，在每年的聖誕日，將它們放進馬槽中。

用手招來財運的貓

它的外型可人，舉止大方，這些優點被公司和飯店利用來吸引顧客；日本人認爲招財貓是會帶來好運的貓。招財貓的故鄉在日本，以一隻坐姿、舉著小手的貓咪爲原型，我們稱之爲招財貓，意喻「小貓歡迎您」。它向你伸出的小手若是左手，就是象徵帶來好運；如果舉的是右手，那就是祝福你招財進寶之意。

招財貓的原型是有些醜腆的，因它和一個發生在東京的愛情悲劇有關。很久以前，在一個名叫金貓茶館的快樂地方，女老闆需要用錢，於是她的情郎就爲她準備了一筆錢，並承諾要幫她一起發展事業。但不幸的事發生了，這筆錢被偷，他因爲心裡難受而投河自盡。女老闆田岡知道這一切後，心中萬分痛苦，也跳入了河中。這個故事不僅使金貓家喻戶曉，以這個故事爲藍本的戲劇也非常賣座。

因此，人們認爲金貓能給人們帶來好運，這也就是招財貓的淵源，但也有人認爲「小貓歡迎您」這個形式，可能與從中國流傳到日本的貓故事有關。這個故事大約發生在六世紀或西元999年，花山天皇的統治時期；或更晚些，在東京還被稱爲愛都的時候，一隻流浪貓來到一間寺廟的和尚面前。這個寺廟位於東京西部，建有一座素雅的道德殿，這裡的和尚一直將自己的齋飯分給這隻流浪貓吃。廟裡的和尚終於有了好運，這是上天派來降給這個寺廟的好運；根據佛教僧人的慣例，他們會在來朝聖的這

招財貓在日本東京非常受人喜愛。

猜測到底是晴天還是會下雨，也許去看貓的行動，會更實際！

氣就要來了，特別是如果大公貓背對著壁爐坐，那意味大的暴風雪就要來了！

貓的睡姿也可以表示屋中溫度的高低。如果牠把身體蜷成一團，那說明屋中比較冷；如果牠將身體伸展開，那說明屋中的溫度比較高，牠要透過吸收地板的涼氣來幫自己降溫。氣溫低，貓去尋找熱源是很平常的事，但人們還不確定貓的姿態能否預示下雪。

貓的這些表現，可能是由於貓對自然現象有某種直覺。科學界也對這一點非常肯定；他們認爲貓的確有預知強烈的氣候變化，比如預測暴風雨，龍捲風，風暴，地震以及火山爆發的能力。這是貓的第六感嗎？有時候，人們也會誤解貓所傳達的資訊，就像人們製造的精密設備有時也會出現偏差一樣。

貓還對靜電的變化、磁場的變化以及地表的震動非常敏感。貓在感知氣候現象和氣候巨變上的能力上，可比我們人類要敏銳多了。

現在，廣播電視中的天氣預報，已經完全替代了貓在這方面所發揮的作用。但我們也不能因爲擁有先進的電腦設備，就忘了我們家中的氣象先生，因爲牠的預報永遠要比我們的設備可靠。

D·MEMORIAE SACR
HANC TABVLAM SIBI SVISQ
PINXIT AC DEDICAVIT·
OTHO VENIVS
ANNO CIƆ IƆ XXCIV

100 chats de légende

歷史上的貓

好奇的結果

長久以來，希臘人一直對貓沒有太大的興趣，直到他們最傑出的歷史學家希羅多德將他埃及之旅中貓的奇妙故事講述給大家後，希臘人才開始對貓有所瞭解。

希羅多德的這份報導最早出現在《希羅多德故事集》（les Histories d'Herodote）中，這份報導有助於我們瞭解貓在埃及塞易斯鼎盛時期的社會地位。希臘的這一歷史時期是在西元前450年左右。最令希羅多德吃驚的是，爲何在埃及人的信仰中會有這麼多動物神，而這些被供奉的動物就生活在神廟之外的尋常百姓家中。貓就是一個很好的例子，人們給牠們魚吃，也會保護牠們。

希羅多德記得這些有關動物的習俗，是與動物的性別有關的。在尼羅河三角洲平原的布巴斯帝斯市，他就曾有幸參觀巴斯特神廟的節慶活動，這種說法是從這些活動上瞭解到的。從報導中我們還知道在埃及，如果有人蓄意殺害貓，那麼他將被處死；如果是誤殺貓，也要被處以罰金。在西元前的一世紀，希臘歷史學家西西里就曾記述一位西澤士兵，是如何因誤殺一隻貓而被埃及民眾處死的事件。他還提到「在布巴斯帝斯市，如果某人家中，貓因年老而死亡，那麼住在這間房子的人都必須把自己的眉毛剃掉以表哀悼。這些去世的貓還要被擡到當地的墓地中，並用製作木乃伊的方式處理後才能下葬。」

這些歷史學家訴說的故事激發了希臘人對貓的興趣。他們在貓到來之前一直是用鼬來捕捉老鼠的。由腓尼基人販賣埃及貓的生意很快熱門起來，這些被販賣的貓則大多是從埃及劫掠而來的。

共眠的巴斯特神貓母子，托勒密時期的銅像製品。

貓和鳥，龐貝時期鑲嵌壁畫（一世紀）。

巴斯特的羅馬女兒

我們曾經認爲羅馬人看不起貓，現在看來，這個說法是不正確的。雖然家貓一直沒有能夠取代母狼在羅馬人生活中的作用，但在當時的城市裡，擁有貓的確是件令人羡慕的事。而且在羅馬文明中，貓不僅是看守爐火的好幫手，同時也是家庭和孩子的守護神。在羅馬文化中貓的地位足以和埃及文明中貓的地位相媲美。

離神廟不遠處，有一個叫做貓街的地方，在卡布西里宮前穿過，我們今天依然可以在此看到一個用大理石雕成的貓塑像，這表示在五世紀初的時候，伊希斯神廟曾經被人毀壞過。「嘉塔」這隻貓曾經在羅馬非常有名，特別是對於那些愛貓的人和喜歡去叢林廢址餵食流浪貓的人來說，嘉塔就顯得更爲重要了。據說，牠與埃及的兩個女神——巴斯特和伊希斯有某種親源上的關係。伊希斯曾先後被羅馬和高盧文化認爲是最受愛戴的女神。

羅馬的貓是由當地的摩西帶來，龐貝城也是同樣的情況，這一點可以從龐貝城的廢墟中找到線索。西元前二世紀，提比略·格拉古在羅馬建立一座自由神廟，廟中其中一幅壁畫上就畫有一名婦女和一隻在她腳下的貓。而且，就連法語中「貓」（felin）這個詞也是源於羅馬拉丁文中的felis。這個詞本來不是用來表示家貓的，它最原始的意思是用來指野貓和鼬。至於拉丁文中的cattus一詞，最早是出現在羅馬人帕拉迪阿斯在五世紀撰寫的《農事論》（le Traite d'agriculture）一書。

貓看鳥兒喝水，龐貝時期壁畫（一世紀）。

路易十五的最愛

在十七世紀，有兩種長毛貓被介紹到法國，一種被稱作「安格萊」（根據牠的產地土耳其的安卡拉市而得名），另一種就是波斯貓。波斯貓其實早在1620年就由航海家皮雷利帶到羅馬，後來又由法國的艾克斯省議員尼古拉帶到法國；在當時，這項貿易是非常有成果的。這兩種貓是當時的奢侈品，牠們不僅廣受歡迎，還得到路易十五及整個凡爾塞宮廷的寵愛。

路易十五的這種愛貓情懷，首先表現在廢除法國傳統陋習上：法國曾經有國王下令，每年巴黎要將成袋活貓扔進沙灘廣場的火中焚燒，路易十五後來將這條傳統廢止。廢除這項殘酷的儀式，對於貓來說可是個天大的好消息。路易十五非常愛貓，他年輕時曾養過一隻黑貓，除了對牠有很深的感情，他甚至將貓的頭像刻成紀念章。

不久，路易十五和他的皇后瑪麗就爲安格萊的美麗深深吸引。他們對這隻白色安格萊貓關愛倍至，甚至下令任何到凡爾賽宮的訪客都不能碰

路易十五於1721年5月21日召見土耳其大使阿凡迪(mehemet effendi)。

因爲法規而受到保護

在中世紀貓所遭受的暴行中，最令人髮指的應該是販賣貓皮了。這種交易使得貓在整個歐洲大陸的數量銳減，抓貓、剝貓皮的活動也演變到無人過問的地步。直到後來，才由威爾士透過立法解決販賣貓和屠殺貓的問題。立法的原因可能有二：一是威爾士人可能比其它地方的人對貓更有好感，二是或許大屠殺的情況已經到了讓人忍無可忍的地步，所以才會出此禁殺令。這項法律是由南威爾士一位叫做豪威爾・德達的王子於西元五世紀頒佈的。這條法令的制定是一步歷史性的跨越，因爲它是歷史上第一次爲保護貓而立的法律。

他還立法設定罰金，進一步使殺貓者受到明確的制裁。罰金的金額是根據貓的年齡和牠捕殺老鼠的能力來定的。如果殺的是一隻剛出生的小貓，罰款一便士；如果這隻貓已經具備追捕能力，則要罰款兩便士；如果貓已經捕捉到老鼠的話，罰款的數額將是五便士！這位王子還對保護貓的眼睛、牙齒、耳朵和爪子都在法律上作了規定。

法律中還有一條，無論是偷盜或殺害貓的行爲都要受到制裁。貓死後，屍體的處理也有相應的規定；貓的遺體要在淨身後垂直放入刨好的木板下，鼻子要貼上木板，屁股和尾巴要翹起。然後人們還要在牠身上灑上小麥，直到牠的全身都被小麥覆蓋才可以，這些要求表現出貓的價值和重要性。如果不灑小麥的話，就要用一隻母羊和她的羔羊羊毛來捐稅。在法律上，對這種不誠實的行爲也設有相應的處罰；如果沒有按規定爲死去的貓灑小麥，那這個人必須繳交這些小麥數量的兩倍穀物作爲處罰。豪威爾・德達是繼埃及的法老後，第一位對貓進行保護的重要人物，也是後來盛行於歐洲的動物保護意識的源頭。

三隻貓和一隻老鼠，描繪中世紀小家畜的樣貌（西元八世紀）。

聞得到硫磺味的一條街

在巴黎的拉丁區漫步，不要忘了到釣魚貓街去逛一逛。這條街看來很普通，連接聖塞佛蘭街和塞納河的碼頭但它也有自己的故事，這裡曾出現過一隻英雄貓……

十五世紀時，這條小巷叫做「新來的洗衣女子」，係因這條路通向塞納河畔的洗衣處而得名。有一隻不知名的黑貓曾在這裡居住，牠會熟練的用爪子捕捉河中的魚作爲食物！這隻貓的顏色如炭般黑，讓人懷疑這是因爲牠的主人柏特勒（聖塞佛蘭街的一位老議事司鐸），一直在晚上研究煉金術。

由於天主教反對煉金術，引起了三位索邦大學學生的好奇。他們從未看到貓和議事司鐸同時出現，因此推斷黑貓與議事司鐸穿著一件黑衣服，懷疑他們被施了魔法。所以，他們在洗衣處等著這隻釣魚貓，將牠殺害後扔進塞納河，

釣魚貓街的標牌。

貪吃魚的貓，有時候也會自己釣魚。

那日後，也沒有人再看到柏特勒。議事司鐸的消失，使得這三個學生背上了殺人犯的罪名；於是，莫名其妙，法院就判定這三個學生是殺死議事司鐸的兇手，並由檢查長將這三名學生吊死在蒙特佛肯。

幾天後，奇蹟出現了！柏特勒在旅行後又回到巴黎，並在聖塞佛蘭教堂作了彌撒。同時，這隻貓也不知從哪裡回來了，正於洗衣處盡情的享受快樂時光。之後，這條街就被命名爲釣魚貓街，而這隻貓和這位議事司鐸便也從此消失了。

紅衣主教黎塞留和寵貓尚戈佛里的木版畫。

紅衣主教的寵物

教堂裡再沒有人比紅衣主教黎塞留更喜愛貓了！更不要忘記這位公爵可是一位有權利的政治人物。我們可以在貓的社區裡找到他，玩貓已經成了當時路易十三政府的一項休閒活動。貓在黎塞留的生活中實在太重要：他玩貓已經有十二個年頭，整天與這些貓嬉戲玩耍，還在羅浮宮專門騰出一間屋子供這些貓居住，天天錦衣玉食，從不怠慢，並特地派很多僕人照顧貓的起居飲食。儘管這樣，這位公爵還是擔心這些貓的健康，總是要親自去瞭解貓的具體情況。哪怕這些貓有一點身體不適的症狀，他都要以主教用藥來爲這些貓進行醫治！

主教還爲他的貓取了很新奇的名字，像報紙、假髮……當時擔任第一部長的他就非常喜歡其中的一隻叫「路西佛」的黑貓。牠是主教最早開始照顧的一隻貓，他經常關心愛撫牠，牠也會對主教低聲輕語作爲回應。主教對待貓的態度甚至比處理國家政務還要認眞，而且他晚上睡覺的時候，也要有貓的陪伴，才能安心入睡。

黎塞留不僅僅關心他的貓，他還給他的一位貧困友人（高內夫人）撫恤金，其中一部分便是專門用來照顧她的貓。在得知這隻貓懷了小貓後，這位公爵又爲這個即將來臨的小生命多加了一些錢。

但最後，路西佛和這位紅衣主教的其他貓兒們的下場卻非常不幸。在黎塞留去世以後，許多喝醉的衛兵闖進這間貓房，將這些終日錦衣玉食的貓全部絞死。根據史料記載，後來這些士兵又將這些倒楣的貓兒們抓到一家小旅館，把牠們入了菜。就這樣，這位紅衣主教所寵幸的貓兒們在驚恐中結束了牠們的故事。

灰衣主教拜訪紅衣主教和他最喜歡的貓。路易繪（1820-1899）。

路易十五的最愛

在十七世紀，有兩種長毛貓被介紹到法國，一種被稱作「安格萊」（根據牠的產地土耳其的安卡拉市而得名），另一種就是波斯貓。波斯貓其實早在1620年就由航海家皮雷利帶到羅馬，後來又由法國的艾克斯省議員尼古拉帶到法國；在當時，這項貿易是非常有成果的。這兩種貓是當時的奢侈品，牠們不僅廣受歡迎，還得到路易十五及整個凡爾塞宮廷的寵愛。

路易十五的這種愛貓情懷，首先表現在廢除法國傳統陋習上：法國曾經有國王下令，每年巴黎要將成袋活貓扔進沙灘廣場的火中焚燒，路易十五後來將這條傳統廢止。廢除這項殘酷的儀式，對於貓來說可是個天大的好消息。路易十五非常愛貓，他年輕時曾養過一隻黑貓，除了對牠有很深的感情，他甚至將貓的頭像刻成紀念章。

不久，路易十五和他的皇后瑪麗就爲安格萊的美麗深深吸引。他們對這隻白色安格萊貓關愛倍至，甚至下令任何到凡爾賽宮的訪客都不能碰

路易十五於1721年5月21日召見土耳其大使阿凡迪(mehemet effendi)。

路易十五像，繪於十八世紀。

在北京碼頭上的中國茶商和貓商。

他的白貓。還爲這隻貓取了高傲的名字「布利蘭」（法語傑出之意）。奇怪的是，他曾讓人模仿貓的動作來取悅牠，但他自己卻對這隻貓隨意取樂，呼來喚去。

有一次，路易十五悄悄的走到了爵士諾艾亞的身後，他用手把貓往前一推，這隻貓立刻大叫，差點沒把這位老爵士的心臟病給嚇出來。

後來，討好布利蘭也成了大臣們一件重要的事。因爲每個人都想透過討好這隻深受國王寵愛的貓，以便和國王見上一面。如果這隻喜怒無常的貓衝著誰生氣，那這個人最好還是趕快溜出凡爾賽宮，只有這樣才能免生事端。很多著名的畫家也曾替牠畫過很多絕世之作，有一幅還在1761年的法國美術展上展出過。

路易十五的皇后瑪麗，對安格萊貓也是寵愛有加。在宮裡牠想做什麼都行，有一次牠竟然玩到公爵夫人的大衣襯裡去了！這個傢伙先鑽到夫人的大衣裡，然後開始用爪子猛抓夫人的衣服，牠做的這事可眞夠可惡了！這位夫人非常生氣，想要找皇后的隨從來控訴這隻貓的劣行卻未果。皇后當時不客氣地說：「我沒有隨從，只有大臣，既然妳也沒有封官，就來我這當隨從吧……」。

和路易十六的危險關係

十七世紀出版過一份「民眾報」。這份報紙披露了一件在凡爾賽的沙龍中廣為流傳的事情：著名女詩人德穆里艾夫人的貓，喜歡上威華那元帥的狗！

孟卡夫的書中，曾經對此事有記載。他在十八世紀的許多作品都是透過德穆里艾夫人的書而激發的靈感。這位夫人是博學多才的文學家，她愛寫詩歌、謎語、頌歌、哀歌，有時也寫些宗教詩歌。她特別喜愛用貓來作為作品的題材，或創作詩歌，除了她自己的貓「葛利塞特」以外，還有蒙克拉侯爵夫人的小貓「塔塔」，以及威華那元帥的名犬「格松」。

德穆里艾夫人將這隻小貓和這隻小狗的愛情故事寫成一首悲劇詩，使牠們的精神得以長存！這首詩名叫做〈貓〉，也叫做〈格松之死〉。她以貓的角度，詮釋這隻貓對狗為愛而死的感受：

喵，喵，我淚如雨下，
雖然我們有天生的藩籬，
也有壓在我們心頭的烏雲，
但，是你讓我快樂，
是你使我不再憂愁。

「貓」，又作「格松之死」，德穆里艾夫人的悲劇。柯依貝爾於十八世紀刻的木刻畫。

一隻小貓的陵墓

梅林，一隻受主人懷念的貓。牠是隻長著金色眼睛的灰貓，十八世紀時住在巴黎巴士底一處富麗公爵官邸紮邁特（Zamet），與保羅女公爵、已逝的雷迪格瑞公爵夫人一起度過快樂的七年生活。

當長毛安格萊貓還在路易十五的皇宮裡流行之際，女公爵並不希罕；她覺得只要有梅林來撫慰她的寡居生活就已經足夠。

少女抱貓圖，博里諾（Jean-Baptiste）作（1745年）。

這隻貓的長相其實並不怎麼吸引人。在牠死後，女公爵把牠的墓建在官邸的院子裡，又請了法蘭西學院的秘書德瑪里艾教士爲這隻貓撰寫碑文。後來，又爲這隻貓訂做一具棺材，在棺材上刻畫一個牠的黑色大理石雕像，並用一塊白色大理石作爲這個雕像的台基。此後雖然伯爵夫人也養過不少其他品種的貓，但沒有一隻能帶來梅林曾帶給她的那種快樂。

孟卡夫在《貓的故事》一書中，曾提及梅林之墓和坎貝爾爲牠刻的像，使我們瞭解了這個雕像的意義。公爵夫人去世後，這個官邸先是被變賣，而後就逐漸破落了。

十九世紀，在鋪設亨利四世大街的過程中，人們發現了這個被遺棄在官邸花園裡的著名墓地。但卻沒有人知道是誰取走了這個標誌著女公爵和愛貓深厚感情的象徵物。

梅林的墓，矗立在公爵官邸的花園裡。坎貝爾的木刻畫。

敘利亞貓的後裔義大利貓，牠們像尼尼一樣，繼續守衛著威尼斯免受鼠害之苦。

威尼斯的寵兒

威尼斯人非常喜歡街道上的貓，因爲有了牠們，就可以防止這座水上城市被老鼠騷擾；多積城的所有居民甚至用「Soriani」這個名字來爲貓命名。這個名字是在八世紀由敘利亞傳入貓以後，根據敘利亞的說法改的，它的寓意是「貓的利爪」，褒揚牠保護這個水城的織品、纜繩、書籍和貨物不被老鼠侵擾的卓越功績。敘利亞人稱牠爲soria或者soriano，也就是今天義大利語中的「斑點貓」。

「尼尼」是一隻非常可愛的斑點貓，身上佈滿深色條紋，長著一雙綠色眼睛。牠是威尼斯城一間咖啡館老闆的貓，這座咖啡館建在威尼斯市中心的法拉利大教堂旁。如果路人不在這個小店休息一下，是過不了法拉利橋的！尼尼就喜歡在這座橋旁的基石上休息，等待著晚上捕抓老鼠。

尼尼喜歡貢多拉船夫和威尼斯人的撫摸，而且牠也吸引了很多來威尼斯的觀光客和名人。紅衣主教薩托（也就是後來的第十任教皇）和義大利的公主就非常喜歡牠，並給這間咖啡館的老闆一本鑲著金邊的書，用來記錄人們對尼尼的喜愛。法國的大法官畢斯瑪克、艾塞俄比亞的國王、俄國的亞歷山大三世和王子保羅也被這隻小貓的魅力深深吸引。作曲家瓦爾第甚至在這本金書上留下《茶花女》歌劇的第三幕，雖然這幕戲劇的演出最後沒有成功。

尼尼後來以高齡於1894年去世，大家都非常難過。當時的義大利皇后立即寄慰問函給這位咖啡館的老闆，在信中敘述這隻小貓的美麗和對牠的愛，整個皇室也對牠的去世深表遺憾。這本鑲金邊的書一直被存放在這間咖啡館中，供那些喜愛牠的人們回來翻閱。直到今天，我們還能看見尼尼在這間咖啡館門前午休的畫作；威尼斯的人們是永遠不會忘記牠的。

像貓一樣的小酒館

在十九世紀的巴黎，曾有過一隻影響巴黎思想界、藝術界和文學界的貓。對其不公的是，巴黎的文化界竟不知道牠的眞名，只知道以牠外表所取的綽號「黑貓」。

1881年，愛好詩歌的酒商沙利在巴黎的一條大街開了他的第一家店。他在某晚去看酒館的建地時，聽見貓叫聲，一看是隻可憐瘦弱的小黑貓，他便收留了這隻小貓，並用這隻貓爲酒店命名，更主要的原因可能是對艾倫坡的尊敬和對他詩歌的崇尚。

歌唱家伊芙特·居蓓則說了另一個版本的故事，她說這是一隻她發現的黑色老貓，後來就以發現牠的這個酒館爲牠取名。

歌唱家亞里斯帝德的畫像。布魯昂圖盧茲(Toulouse-Lautrec)繪。

無論事實爲何，這隻黑貓賦予了很多當時的藝術家靈感，威利就在這間收養黑貓的酒館畫了一幅聖母像，在聖母像的腳下畫了這隻貓。這隻黑貓吸引了當時巴黎很多的人才，有作家、詩人、歌唱家和畫家，雨果、左拉等知名人士也都慕名前來。

當時最有名的歌唱家亞里斯帝德爲這間酒館作了首「黑貓之歌」，這首歌後來成爲合唱團夜間表演的經典曲目。

在蒙馬特的明淨月色下，
在黑貓周圍，我找尋財富。

其實這個小酒館只有16平方米大，但每天接待的訪客卻不少，所以黑貓後來搬到蒙馬特的另一條大街上生活。小酒館的裝潢裡到處可見這隻黑貓的榮譽，除了威利的聖母與貓圖外，還建有兩個拜占廷式的柱子，其上各有一隻雕刻的貓，柱子中間的牆上刻的是「歡樂蒙馬特」祈禱書。在窗戶那面牆上，畫的是一幅黑貓騷擾白鵝的畫，寓意嘲笑資產階級，表現了這些藝術家們的不羈，當時還很流行以「黑貓精神」來表達思想。這些黑貓精神的支持者們來這裡聽歌、看節目，並在高雅的氣氛中與這裡的藝術家和作家交談。

「黑貓在巡視」，史坦林作（1895）。

這幅由史坦林畫的黑貓圖在整個法國都非常著名，甚至還有一本非常著名的文學雜誌也以牠命名。這本文學雜誌的撰稿人都是一些像雨果、貢古爾這樣的大文學家，古諾和馬斯奈曾為這本雜誌寫音樂評論，史坦林和威利也為這本雜誌畫過插圖。

黑貓的流行風潮直到1898年才逐漸消散，這間酒館最終也關門了。酒館的主人其實還是一直受到中世紀人們對黑貓看法的影響，因此受到思想界的幽默諷刺。看來黑貓還真是需要人們來為牠昭雪啊！

100 chats de légende

藝術和文學中的貓

潛藏在羅多心裡的貓

出生於義大利威尼斯的羅多（1480-1556）在回到家鄉之前，一直在羅馬發展他的繪畫事業。因為在羅馬發展並不順利，於是他又去了義大利北部的貝加摩，在那裡住了十多年。他居住在城裡的羅內特修道院，在他離開之前，為當地很多教堂畫了知名的油畫和壁畫。這張「天神報喜像」（1527年）是在他在貝加摩這個城市最後一段時間裡完成的作品，後來被收藏在雷卡納蒂美術館。在他的這幅畫中，有一隻被公認為文藝復興期間最神秘的貓。

洛托「天神報喜像中的貓」，油畫（1527）。

羅多的這幅「天神報喜像」與同時期的其他作品有很大不同。就像皮艾爾·羅森博格在《貓和調色板》（le Chat et la palette）一書中所說，羅多的畫所表現的是上帝、聖女和天使瞬間的神態。他的色調和諧，貓的出現使這幅畫更增添神秘和不安的氛圍，使這幅畫更具有吸引力。畫家本人想在這幅畫上表現一些異域的感覺。大家都認為畫中的這隻貓表現的就是這位畫家本人。這隻貓是否是畫家不能面對美好生活的象徵？或者是要傳達一個難以言喻的訊息？我們注意到畫裡的聖女用她的手和腳模仿貓爪的動作，這可能是一個簡單的巧合，或者是畫家想讓我們瞭解聖女與貓之間的隱密聯繫。那羅多的這種表現方式是否就是達文西在他著名「聖母與貓」（Madone au chat）畫作中所表現的繪畫技法呢？

有一點是肯定的：為了畫他的這隻貓，他經常會想起他的威尼斯斑點貓，因這隻斑點貓曾伴年輕時的他在城裡散步！

Jacopo Bassano

義大利文藝復興時代的模特兒

義大利畫家巴桑諾（1510-1592）的許多作品在文藝復興時期都是義大利的代表作，這一點是大家公認的。在他著名的油畫「在以卡斯的最後聖餐」（De la Cene a Emmaus a la Derniere Cene）中，有一隻肥大的貓，長著一個圓腦袋和圓耳朵，在牠的小屁股上還有一塊橘紅色的大斑點，我們可以認出，牠就是畫家的愛貓——蒙內卡托。

巴桑諾和當時威尼斯畫派的很多畫家一樣，都非常喜歡貓。尤其與丁多雷和委羅內塞在這方面有很多的共同愛好。他和這些威尼斯畫家有些不同，他們喜歡用威尼斯的城市景色作爲背景，而巴桑諾則喜歡以田園的風光作爲作品的背景。但有一點很奇怪，爲什麼畫家在繪宗教方面這樣嚴肅的題材，也會有家貓出現呢？巴桑諾的貓蒙內卡托並不是那種威尼斯貴婦們玩的貓，而是帶著鄉間氣息的貓，因此透過畫家筆觸表現出來的這隻貓，是一隻多疑、獨立、皮膚上似乎還有一點皮癬的貓。這隻貓在巴桑諾的畫作中沒有限定出現場所，總是到處可見，有一幅畫中的貓甚至只出現一半的身子！

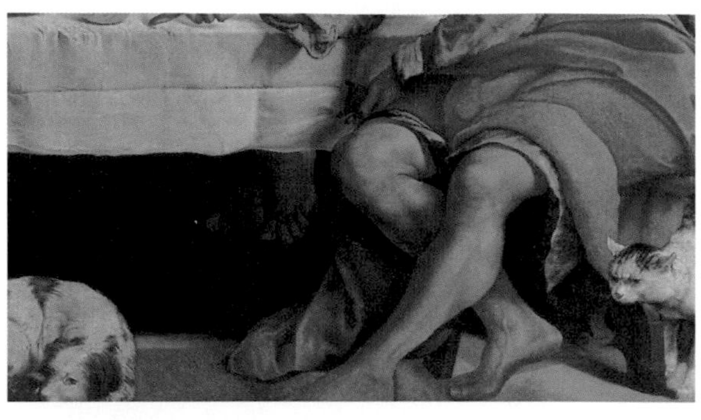

巴桑諾所繪「最後的聖餐」中的局部。

那時，蒙內卡托已經是一隻十六歲的老貓了。多數家庭對這個年紀的家養動物不再特別關照，但是，作爲巴桑諾的代言人，蒙內卡托出現在眾多的作品中，有些看起來像是在懶洋洋的閒逛，有的看起來則充滿了醒悟，這些表現都像極了人，或許畫家就是想透過牠來表現自己最珍惜的東西吧！

巴桑諾的畫作「冬天」（l'Hivre），你能在畫中看到這隻與畫家同名的貓。

家庭的朋友

Le Nain

在十七世紀，人們並沒有把貓當作人類的好夥伴，特別是在農村，人們往往把貓和魔鬼聯想在一起。但大家也奇怪地發現貓在勒南三兄弟，尤其是路易．勒南（1593-1648）表現鄉村生活的作品中，出現過七次。

人們對他們的出生地拉昂了解不多，只知道他們後來去巴黎發展他們的藝術事業。他們的畫中，農村中的人並不像一般畫作中是一派衣著破落的形象，而是將這些農村的題材描繪得非常莊重。路易最有名的作品就是「農民家庭」（Famille de paysans dans un interieur）（作於1640-1645），該畫的風格就很能體現他以下的觀點：畫中的人物莊重、謹愼，家裡的寵物們也都很安靜，小狗的目光很溫柔，白毛黑斑的貓看起來想去喝泥勺中剩下的湯。牠的爪子向前伸出，但又不會給人急促之感，因此我們可以推測這個家庭對這隻貓的餵養，是很精心的。

農民家庭（十七世紀）：畫中流露出莊重的氣氛。

所以這隻貓不會遇到農場中慣常發生的虐貓行爲，牠是隻幸運的貓。這就引起了眾人的好奇，讓人非常想知道這隻幸運的小貓究竟是誰的呢？一幅油畫，改變了人們的想法。

誘惑的影像

在1788年，西班牙著名畫家哥雅（1746-1828）畫製「唐・麥奴爾・蘇加尼」（Manuel Osorio Manrique de Zuniga）的時候，小孩子養寵物正是當時上流社會的時髦風氣。這種風氣也是哥雅創作這幅作品的靈感來源，他這幅創作有一些特別的地方，例如小孩子穿的紅色衣服與旁邊的綠色籠子形成強烈色彩對比，他選擇這些動物爲繪畫對象也有些不符常規。

「唐・麥奴爾・蘇加尼」，作於1788年；這是哥雅最著名的畫作之一。

爲了這三隻貓、籠子裡的鳥和那隻喜鵲的位置，哥雅的手法確實精妙；他運用了所謂的「矛盾法」來安排這些動物。這樣可以引導人們思量畫家構圖的用意！運用這種方法，哥雅也就不需要靠記憶來創作了……

畫家在處理這三隻貓顏色的問題上，也花了不少工夫；他把牠們的毛色處理成較強的對比色，像黑色對白色，還有在暗處把條紋貓安排在前方，將純黑貓安排在後面等。運用這樣的手法，這三隻貓的目光看來就像被附近的喜鵲吸引，對牠產生好奇與興趣……並且肯定對牠產生貪婪的念頭了！但這三隻貓卻將貪慾隱藏得很好，牠們看起來很冷靜，更沒有露出要攻擊喜鵲的急促。而這個小孩子顯然沒有察覺他的喜鵲面臨潛藏危機，他的目光中充滿童眞。

哥雅後來便依循了這幅畫中刻畫貓的技法，在自己的《狂想曲》（Caprices）一書中又畫了很多類似的插圖。他在繪畫安息日的場面時，也會選擇以貓的角度來看鬼神們的活動。

無名的畫像

在油畫的歷史上，傑利柯（1791-1824）是一個傳奇，人們都很喜歡看他作品所表現出來的活力，引人注目的作品「白貓」（Chat blanc）就是這樣一幅他的代表作。事實上，這幅畫與他的另一幅代表作「水母之筏」（le Radeau de la Meduse）同樣重要：「水母之筏」使他成爲眾人的焦點，而「白貓」使這位來自魯昂的畫家聲名不朽。

傑利柯畫中的愛貓在想什麼呢？

傑利柯的畫作充滿喧囂與激情，並且描繪過很多戰爭題材的作品。悲劇情節是他作品的主題，他浪漫主義的畫風深深影響了德拉克洛瓦。

從傑利柯對一隻貓的簡單刻畫中，我們不得不對他的作品表現驚歎。畫家本來想畫的是馬，因爲馬是他眞正的最愛，但後來受到某種挫折，於是他就放棄畫馬的熱情改畫貓。在十九世紀的法國，僅僅以貓作爲主題的畫作還是相當少的，因此我們不禁要問，爲什麼這幅畫的作者會選擇貓作爲素材呢？

可以肯定的是，這幅油畫的繪畫技法運用得非常令人讚歎，它的光影效果非常突出，貓的姿勢非常準確，對皮毛的描繪也令人賞心悅目，頭部的刻畫很大膽，有點像獅子的頭，貓的眼睛微微睜開，表露出牠對這身美麗外表的信心。這隻華貴的貓究竟是從哪裡來的呢？即便在眾多的貓傳奇中，我們也沒能找出正確的答案！

蘇珊娜懷裡抱著愛貓和丈夫、兒子的合照，攝於1919年。

朗，甚至比她兒子的畫作還要有力度。她生這個兒子時才十八歲。

「藍秘魯」住在科爾托大街，牠給予蘇姍娜很多的創作靈感。在1918年，她將牠放在一個籐椅上，爲牠畫一幅坐姿的畫。我們發現一年後，另外一幅畫畫的是牠躺在花叢中一個佈滿玫瑰花的搖椅上的姿態。最後，在1922年蘇姍娜又爲牠畫了一張比較正式的像，這是一幅牠臥在女管家麗麗懷抱中的像。藍秘魯舒服的躺在麗麗的腿上，直直的伸展著爪子。像平常

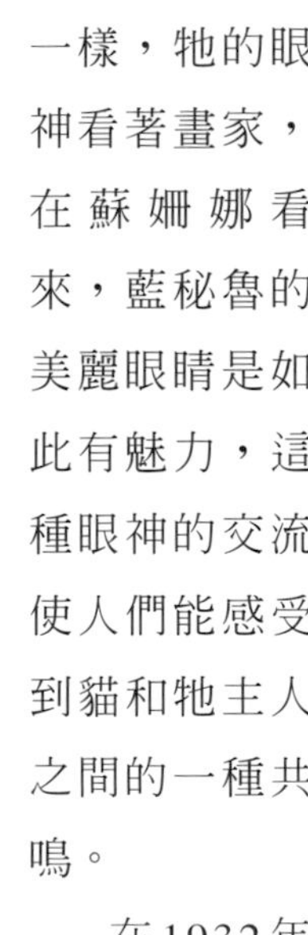

一樣，牠的眼神看著畫家，在蘇姍娜看來，藍秘魯的美麗眼睛是如此有魅力，這種眼神的交流使人們能感受到貓和牠主人之間的一種共鳴。

在1932年的一幅油畫上，可以看出藍秘魯顯得很疲憊，牠躺在一個花瓶旁，在淒涼的氣氛中，看著牠的老朋友再一次爲牠畫像。牠看起來已經很老，實際上，牠的年紀已經超過十四歲，牠後來仍然又活了兩年，於1934年去世。

另外值得一提的是，蘇姍娜的兒子一直都不喜歡藍秘魯，也不和牠獨處。他從青春期開始，就藉酒消愁，貓看他的眼神也令他非常害怕。不過，當時蘇姍娜並未積極設法改善這種情形。慢慢的，藍秘魯也知道在這個家中誰和牠才是同一陣線的。所以牠總是對蘇姍娜非常忠誠，在他們相處的時間裡，藍秘魯都過得十分愜意，有時甚至表現得像窮人一夕致富般的開心。貓的本性就是要能夠適應各種情況，作爲這名放蕩不羈藝術家的寵物，藍秘魯就更必須具備這個能力了！

「樹叢裡的貓」(Bouquet et Chat)(1919)
油畫，花與貓身上的斑點相得益彰。

貓眼，爪子和牙齒

「叼著鳥的貓」（Chat saisissant un oiseau），畢卡索（1939）繪。畫中的貓有著特別長的指甲。

描繪動物是畢卡索（1881-1971）許多偉大作品中的主題，曾在他的畫作、雕塑以及陶瓷作品中出現過。那些在「格爾尼卡」（Guernica）中出現過的野獸、公牛、馬以及巨大的人身牛頭像，都是他作品中常見的素材。但畢卡索也會畫一些家養動物，就像他在1937年爲布封《大自然的故事》（l'Histoire naturelle）一書所繪的插圖。與十八世紀其他自然主義畫家不同的是，這位畫家賦予貓很多主題，並且透過自己對貓的偏好來描繪貓。我們在畢卡索不同的人生階段作品中，可以看到他的這些貓夥伴；在1964年，他還特地爲家養的黑貓畫了許多畫像。

畢卡索在1939年繪了一幅「叼著鳥的貓」（Chat saisissant un oisean），藉以表達西班牙戰爭和戰爭的結局對己身產生的深刻影響。他用貓來代表衝突的野蠻和殘暴，並譴責戰爭對他祖國造成的踐踏和傷害。「我想畫的是在街上隨處可見的貓，而不是待在屋中的貓」，畢卡索說，「他們可是完全不一樣的。野生的貓不但有豎起的長毛，還會像淘氣鬼似的滿街亂跑，如果牠望著你，那牠肯定是想撲到你的臉上去！」

畢卡索對於寫實主義的動物畫法沒有太大的興趣，他只想透過一些簡單的線條和符號的結構表現他想傳達出的意涵。就這樣，一隻不安的、遊走於這個殘酷世界之外的貓，一隻爲了生存而準備殺戮的貓，躍在紙上，成就了一幅深具意義的畫作。

藤田的可愛野貓

日本畫家藤田嗣治（1886-1968）（又名李奧納多・藤田）的作品，無論是在日本的藝術界，還是在第二次世界大戰時期的法國蒙巴爾納斯藝術圈內，都享有盛名。他是巴黎畫派的傑出代表，在當時的藝術潮流中獨樹一幟。他本身的形象也很獨特，戴著一副圓形的眼鏡，鏡片後面的眸子目光犀利，頭髮的瀏海順到前額，耳朵上戴著大耳環，就像桀驁不馴的藝術家，非常醒目。當然這位藝術家的身上還有一個特點，那就是他前臂上紋的貓圖案。

藤田嗣治很喜歡動物，到巴黎後，他便開始迷戀貓。他對貓的喜好也很與眾不同，他不喜歡像波斯貓和暹羅貓那樣特別漂亮的貓，他喜歡的就是那些看來很普通的貓。在1928年的一個黎明，藤田先生剛結束某個藝術沙龍的談話，路過巴黎的老鼠田公園（le square Montsouris），這時一隻貓跟了上來。畫家對牠非常友善，於是牠就跟著畫家回到家中。藤田先生替牠取名叫「米凱」，雖然這個名字和後來舉世聞名的迪士尼小老鼠「米奇」的發音很像，但牠與這隻小老鼠並沒有什麼關係，因爲在日語中，這個發音是其實「三色」的意思。

貓(Le Chat)，藤田嗣治的水墨畫（1927）。

米凱跟隨牠的主人走過很多地方，藤田也爲牠畫很多的畫像；在很多藤田畫的女性人體像中，牠也和模特兒一起成爲描繪的對象。藤田在1928年接受記者米歇爾採訪時說：「我覺得我們生活中的貓，具有很多女性的特點」。因爲他的貓除了調皮以外，還有很多的特點，如愛打扮，愛梳理，喜歡舒服，有時溫柔有時暴躁，有時近有時遠，有時大膽有時柔順，牠就是這樣一隻矛盾的貓！

雷歐那・費尼，貓的皇后

在雷歐那・費尼（1908-1996）的家中，我們看到的是女人味與貓兩種不同氛圍的完美融合。那麼她的思想中占首位的究竟是女人還是貓呢？她認爲自己思想中，貓的因素是占主要地位的。她的一切看起來都和貓有關，她的眼睛、她的裝扮、她的姿態、她的舉止、她唱歌時的語調、她的魅力、她的暗地生氣，以及她對愛情的矢志不渝……。雷歐那・費尼的作品中，貓的元素就更多了，她曾經說：「就是因爲這些小精靈們，我才活到現在！」

雷歐那・費尼飼養的第一隻貓名叫「索悉」。牠是隻白胖的貓，在全白的身上有個獨一無二的黑斑。這隻小貓陪伴著雷歐那・費尼在里雅斯特度過整個少女時期，因此在她的一生中，她曾養過很多貓，但唯獨對索悉難以忘懷；也因爲這隻貓，她對貓產生極大的熱情。

費尼在畫中透露她的理想中生活（la vie ideale）（1950年）。

她在巴黎的時候，從接近超現實主義畫派的畫家，轉變成眞正的超現實主義畫家；專門畫夢中的人面獅身像和貓，是該畫派的先驅。當時她住在一個靠近維多利亞廣場的大公寓裡，根據一些來訪的人觀察，發現貓在她家地位可是很高的，牠們可以隨意躺在沙發上、躺椅上，好像在默默思考問題！有時候大約有一、二十隻

費尼在她巴黎的畫室和愛貓的合影。

費尼作品「星期日的下午」(Dimanche apres-midi)(1980年)。

貓圍在她身邊，有各種的顏色、種類，因爲她在繪畫的時候要看著那些貓，希望在手持畫板時看到牠們最好的一面。雷歐那・費尼和牠們共同生活，一起睡覺、玩耍，爲牠們梳毛，可謂相互影響著彼此。甚至在她的夢裡也充斥著貓，她曾經不只一次在她的書中提及：「晚上，貓兒們都在角落裡藏了起來。我不瞭解你們的黑暗。但在燈光熄滅，我已躺在床上的時候，你們便從黑夜裡跑出來玩耍。有時我連動都動不了，就像一個快樂的木乃伊，看著你們在我身旁。」

雷歐那・費尼不太喜歡透露她爲貓兒們取的名字，這些名字都是取自文學作品中，或是取自她的想像裡。後來，我們從她的作品中知道了一些像辛斯基、特里比利等等的名字，她喜歡開車帶著牠們出去玩，去盧瓦爾河畔，或是去科西嘉島上，還喜歡爲一些節日設計神秘的貓面具與衣服，也喜歡在貓的面前整理那些充滿超現實主義的神秘感的作品畫布。她的超現實主義畫作中最著名的是「星期日的下午」（Dimanche apres-midi）和「快樂貓的王冠」（le Couronnement de la bienheureuse feline）。

雷歐那・費尼在逝世之前曾對孩子們說，要等到家中最後一隻貓都不在的時候，才能賣掉這房子。當時這些貓的作品就是以房中佈景作爲背景的，在畫布中這些貓得以永生。

畫家在科西嘉島找尋繪畫靈感，陪伴她的小貓是特里比利。

大馬路上的強盜

《列那狐傳奇》（le Roman de Renart）是中世紀文壇的一部重要作品，由許多作家聯合創作完成（作於十二世紀末到十三世紀初）。這部作品講述的是動物們一連串歷險的故事，不但展現當時動物生活環境之美好，同時也具有諷刺意味，我們可以從這些寓言中看到人類的弱點。

在書中主角列那狐眼中看來，小貓「泰伯特」是一個小偷，一個騙子。雖然列那狐與小貓的這段故事發生得比較唐突，但小貓泰伯特的行爲還是留給人們很多值得思考的東西。泰伯特看起來像是野貓，但牠實際上是一隻家貓，只不過在外面生活了很長時間而已。泰伯特和列那狐之間所建立起來的信任並不完全，因爲泰伯特非常熱衷於騙人！此外，拉封丹和義大利的作家科洛迪創作的寓言故事，也從這部作品中汲取了不少靈感。

列那狐傳奇的手繪本，現收藏於法國國家圖書館。

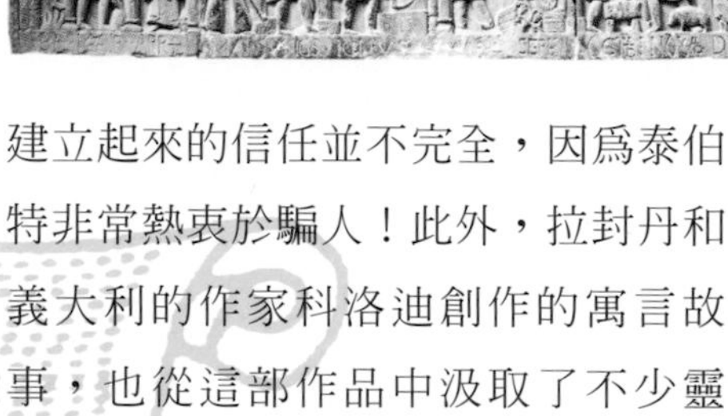

教堂中壁畫（現已不存在），從下往上看分別是：長久的勞作，捕獵的場景，列那狐傳奇。

在一個一直都將貓與魔鬼聯繫起來的時代，這個故事對貓描寫之精細，贏得眾人的讚歎。根據列那狐這個生活在人類社會外的動物的觀點，他認爲在這裡，這部書的作者們實際上表現出來的是一種對於貓模稜兩可的態度。就像朱莉婭特在《貓的綱要》（Bibliotheque illustree du chat）一書中所寫的，泰伯特處於一種兩難的生活狀態，牠既無視於當時的社會秩序，也不得不接受這種社會現實。泰伯特爲了逃離這種生活狀態而使用詭計，但牠又沒有能力去施展牠的英雄主義，見了敵人也只能妥協。我們看到牠爲了吃頓飽飯，也會背棄自己的信念。我們該爲牠冠上貓的悲劇形象嗎？或許，稱牠是個僞君子，更爲恰當。

泰奧菲和愛貓「熱情」，那達（Nadar）的漫畫作品。

泰奧菲對德斯卡動物的機器理論看法非常反感。因爲當他觀察他的一隻貓時，他看到了貓的聰慧——有時候，牠會來到你面前，用牠那雙朦朧、柔美的眼睛看著你。這眞是讓人難以置信！牠看著你的時候，腦子裡應該沒有想法才對呀！

在這隻貓之後，泰奧菲又養了一隻來自哈瓦那的貓。這隻貓是白貓所生，泰奧菲爲牠取名「塞拉菲達」，牠是一隻愛打扮的貓，不僅喜歡絲綢的布料，還對香水情有獨鍾，對香根草和香精更是難以割捨！

之後，泰奧菲又以雨果《悲慘世界》（Les Miserables）中的人物——塞拉菲達的三個孩子來爲這隻貓的三個孩子命名。這三個孩子中的老三「愛波尼」就是泰奧菲最喜歡的一隻小貓。

「這個小傢伙如果聽到門鈴響，就會跑去迎接客人，把他們帶到大廳，安排他們坐下，和他們聊天。聊天時牠發出的不是貓之間交流的那種聲音，而是模仿人們的那種談話聲。」這隻貓之所以善於社交，與泰奧菲對牠的教育有關。在家裡，泰奧菲把小貓當人看待，吃飯的時候讓牠一起到桌上來，也專爲牠在桌上留一個盤子。更厲害的是，如果牠看到今天桌上鋪了桌布，牠的位子上也放上一副刀叉，牠就明白今天晚上不能和家裡人一起吃飯了！

泰奧菲對貓的瞭解可謂透徹，他說：「想要贏得貓的友誼其實並不容易，貓是一種很有思想的動物，有條理、安靜、愛乾淨、有固定的生活習慣、瞭解朋友的親疏，要想在牠心中佔有一席之地是非常不簡單的事；如果你平等與牠相待，牠會成爲你的朋友，切記，牠可不是你的奴隸！」

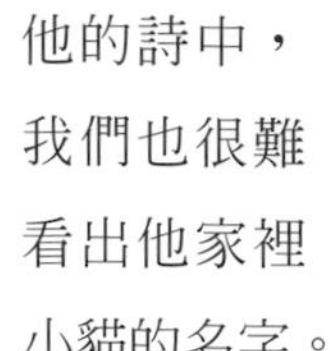

波特萊爾和他的貓，尚佛格里《貓》一書中的插圖。

在神秘眼神中的永恒

波特萊爾（1821-1867）的文集《惡之華》（Fleurs du mal）是一本專寫貓的文集，他用法語抒寫了很多他偏愛貓的美文，雖然他對貓的崇尚在浪漫主義時代是不爲人們所接受的，但他仍然爲貓的魅力而歌唱：

在我的頭腦中，
滿腦子都是貓，
牠是如此的溫順而有魅力。

對波特萊爾來說，貓是美麗的象徵，是女人的代名詞，是迷幻的化身，是高尚的寫照，是香氣繚繞，是有生命的雕塑，是女神的模樣。對於這個人類的夥伴，語言是很難描述牠的，牠是女神繆斯，是可愛的女子，是迷人的香水，亦是人間天堂。

可惜，波特萊爾對於他的私生活總是守口如瓶，沒有人知道他究竟喜好哪隻貓，就連從他的詩中，我們也很難看出他家裡小貓的名字。

透過他的朋友泰奧菲與尚佛格里，我們可以知道這位詩人的生活並不如意，於是，在平常的日子裡，他總會與隔鄰咖啡館裡的各色貓咪嬉戲，替牠們梳理毛，撫摸牠們。尚佛格里還想起了一件有意思的事情：「好幾次，我們兩個人一起散步的時候，都會在某間小店的門口停下來，因爲我們在那裡看到一隻貓，懶洋洋地躺在一塊布上，正享受著布的乾爽與舒適。」

那麼波特萊爾究竟是要從貓的神秘眼神中看出什麼呢？或許答案就在他寫的這首散文詩中：「『你到底從貓的眼神中找尋到了什麼呢？是時光，是奇蹟，還是慵懶？』我回答說：『我看到的是時光的永恒。』」

閱讀中的波特萊爾。庫貝(Gustave Courbet)的油畫(1855年)。

EDGAR POE

艾倫坡的惡夢

艾倫坡（1809-1849）寫的驚悚故事總會使我們心驚肉跳；他的故事中充滿早逝的葬禮、死亡的糾纏、魔鬼的形象，故事總與死亡相聯繫，讀者看了他的故事都會嚇得發抖。波特萊爾也曾幫這位美國作家翻譯《神奇的故事》（les Histories extraordinaires）一書。

黑貓這個角色出現在他的第二部故事集中，故事的主要內容是：一個喜愛動物的人竟然殺妻弒貓，貓靈回來找他復仇的故事。故事的主人翁從小就非常喜歡動物，父母也允許他在家中飼養動物。在經歷婚姻的不幸後，他收養了一隻名叫「普魯東」的小貓。他說過：「這隻小貓是一隻既漂亮又健康的小傢伙，通體黑色，深具洞察力……我每天親自餵養牠，牠也總是和我形影不離。」但酗酒卻使這個人變得一反常態，兇殘至極。

他一刀下去，挖出小貓的一隻眼睛，然後又把牠扔向一棵樹。這樣的情節，讓我們不禁想到艾倫坡，艾倫坡本人也是早年沉淪，後來酒精中毒，死於精神錯亂……

黑貓的形象使我們想起了可怕的普魯東。

回到上面的故事，在一個小酒店裡，這個男人又因爲飲酒過量，發狂用棒子把妻子打死。他後來被關進監獄，當這個男人帶著警察們來到命案現場時，忽然聽見貓叫的聲音，而發出聲音的，竟然就是被他殺死的那隻貓！

這隻貓突然出現在這個男人的肩膀上，「我明明把牠埋了呀！」這個男人感到不可思議。至今電影院中還不時播放這部電影，害我們總會做惡夢，眞希望這個故事是假的……

一個是白人，一個是中國人

朱利安・維奧，筆名皮埃爾・洛蒂（1850-1923），他出生於法國夏朗德河口羅什福爾市，不僅是偉大的旅行家、海軍軍官，也是法蘭西院士。他的主要作品有《菊子夫人》（Madame Chrysanth eme）和《冰島漁夫》（Desenchantees de ramuntcho）。

洛蒂的畫像，盧梭（Henri Rousseau）作品(1905-1906)。

洛蒂非常喜愛貓。貓爲他漂浮不定的生活帶來安靜與平和，只要看到貓，他就會覺得非常安心。在他的生活中曾經有過不少貓的陪伴，從他孩提起，就有一隻斑點貓陪伴著他，他爲這隻貓取了一個奇特的名字「笑臉」，綽號叫做「霸權」。

他的老師艾倫飼養各品種的貓，洛蒂最喜歡其中的暹羅貓，但與他朝夕相伴的主要還是一些普通貓。作爲海軍軍官，有時他一出海就要好幾個月，他母親和姑姑就會把他的貓接到自己家裡來養。

某次在他出海期間，她們收養了一隻白色的穆穆特貓。此時洛蒂家中已經有一隻從塞內加爾帶回的同種貓咪。他在《兩隻貓的生活》一書中說明他替貓取名字的方式：首先，他把所有貓都稱作「穆穆特」，這些貓的孩子則都叫「咪咪」。一個月後若找到更好的名字，再替牠們改名。

這隻白色穆穆特的頭、脖子和尾巴上長著黑色小斑點，還有安哥拉貓的美麗皮毛，漂亮、溫柔、有智慧，眞是不忍心把牠獨自留在家中！

接著，洛蒂又從中國帶回一隻中國貓！這是隻小灰貓，由於營養不良，所以毛色並不好看。這個小傢伙是爲了生活才跳上船，與洛蒂相識的，洛蒂看到牠這個樣子，便把牠帶到了自己的船艙裡，趕快找東西餵牠。……於是，這隻中國貓和洛蒂一起在船上生活了好幾個月，而他們的感情也越來越好。

當洛蒂家中的貓見了這兩隻新來的貓，對牠們是大打出手，洛蒂只好潑水將牠們分開。此後，白貓和中國貓便成了形影不離的好友，牠們整天開心地在洛蒂的院子裡追逐嬉戲，在陽光下做日光浴，在壁爐邊烤火睡覺，一起趴在搖椅上休息。

洛蒂和他的愛貓「巴穆克」，攝於家鄉羅什福爾(Rochefort)(1907)。

可歎中國貓意外早逝，這似乎讓那隻白貓非常難過，牠逐漸萎靡、消瘦，也不太愛與洛蒂玩了。就像人類一樣，這隻貓的心中已經很難割捨下牠的同伴了。洛蒂說：「我覺得牠當時的情緒可能比我失去兄弟還要難受，因爲牠們不能說話，也不能半夜外出散心，況且牠們如此的弱小與無助。」1908年，洛蒂因爲對貓保護有功，被貓保護協會選爲榮譽主席。

樹枝高處的微笑

在《愛麗絲夢遊仙境》（Alice au pays des merveilles）這部作品中，牠是最吸引人的人物之一，根據作者道格森（筆名路易斯，1832-1898）在書中對牠所作的描述，這隻「薛席爾的貓」可以忽隱忽現，而小愛麗絲第一次碰到了這隻小貓時實在覺得不可思議：「我記得那天牠沒有笑，只是留下一個微笑的影子！」

著名的繪畫家喬所繪的這隻貓，其形象深植人心，牠會微笑，整天生活在樹上。爲什麼會把這隻貓刻畫成一個會笑的形象呢？這是在1865年作者創造愛麗絲以後考慮的。作者的家鄉就在薛席爾，而薛席爾當地製作乾酪所用的模子就是以一隻微笑的小貓頭作爲外形。這會不會是他用貓咪微笑來表現這隻小貓形象的原因呢？

另外還有一些有跡可尋的特點：他寫這本書的那個年代，薛席爾村有一隻會忽隱忽現的貓，人們都對這隻貓感到非常驚奇。而且，當時村裡有個劊子手，他在行刑之前都會對著死囚咧嘴笑一下；劊子手的身上也刻著一隻貓，因此這種表情被稱爲「薛席爾貓般的笑」。

這個形象的貓不僅在本書，在《鏡子的另一面》（De l'autre cote du miroir）這本書中也出現過。

兩幅《愛麗絲夢遊仙境》中的插圖，喬繪（美國版，芝加哥，1906年）。

偉人的虎斑貓

法國最著名的詩人雨果（1802-1885）非常喜歡貓，他認爲貓不僅是人類的好夥伴，也是家庭中的重要成員，他對貓的這兩個見解都非常獨到。1830年，在大眾對他著名的戲劇《愛爾那尼》（Hernani）開始熱切討論後的隔天，他在家中接待了眾多支持者。他的家裡用當時流行的哥德式風格進行過裝修，除了欣賞精美的壁飾、壁櫥、高背的搖椅以及精緻的燭臺外，這隻名叫「夏努安」的貓更是你不能錯過的……

當時還非常年輕的尙佛格里，也是眾多來訪者之一，後來他回憶起這位浪漫主義詩人的貓：「在我年輕的時候，能夠到雨果家作客是我莫大的榮幸，他家客廳裡鋪的是地毯，擺的是哥德時期的雕像。大廳中央放置紅色天幕，天幕上趴著一隻貓，像在等著向到訪的客人致敬。」

「這隻貓的脖子上有一圈白毛，就像宮廷大臣黑色朝服外的白色披肩，牠的鬍子則像匈牙利人的鬍子。當這隻貓莊嚴地向我走來時，我看見牠那雙閃亮的眼睛，我後來明白這是貓模仿雨果的關係，雨果的智慧眞是遍佈他整個房子。」

雨果向尙佛格里談到貓時說：「我的貓也會和瑪麗對話，牠會在她的雙腿間，把身子縮成一團逗她玩，這正應驗那句名言：『上帝造貓就是要讓人能夠感覺到照顧老虎的快樂。』」

夏努安在雨果家活得既自由又快樂。後來，雨果歲數大了，他把貓交給他的小女兒看管，並很快的從他創作的文藝作品中爲牠找了個名字——流浪兒「加夫洛許」。

雨果在格恩濟島（Guernesey）上的家。

大仲馬的兒時緬懷

大仲馬（1802-1870）年輕時，他住在巴黎的西街，每天步行到位於聖榮譽大街的辦公室，從早上十點工作到下午五點。他母親有一隻名叫「米索夫」的貓，年少的大仲馬非常喜歡這隻貓，這隻貓每天早上九點半都會送他去上班，一直陪他走到沃熱亞大街的十字路口，下午五點半左右再到早上他們分別的路口恭候牠的小主人。見到主人後，牠會和主人親近一番，然後在前方快步走回家，有時候牠也會往回走，看看小主人是否跟上了。

更令人驚奇的是，在大仲馬不回家的晚上，這隻貓都能感覺得到，不會去出門迎接。但如果牠猜錯了，在知道小主人回來時，牠便會跑過去抓門，等門一開就激動地跑去見牠的小主人。

在手籠裡發出奇怪呼嚕聲響的小貓。

十五年後，大仲馬已經成名，住在巴黎附近、自己興建的蒙特・克里斯多城堡中，並在身邊養了很多小動物。有一天，他又有了奇遇。當他走進廚房時，注意到一個放在沙發上黑白相間的手籠。「這個手籠發出了非常奇怪的聲響。」他在《我的小動物故事》（Histoire de mes betes）一書中寫到。究竟是什麼原因呢？原來在這個手籠內裝著一隻女廚拉瑪克夫人在地窖碳堆中發現的小貓。大仲馬叫牠「米索夫二世」，以紀念他童

小鳥一直都是貓兒們的玩物。

年時期養的第一隻小貓。

可是這隻小貓長大以後，卻總是做壞事。大仲馬對鳥非常有興趣，自己在大籠子裡養了好多隻鳥，有來自孟加拉的，有紅雀鳥，有非洲的寡婦鳥以及其他的一些珍貴鳥類。他也養了幾隻稀有的猴子，把這三隻靈長類動物關在另一個籠子裡。有一天，猴子解開綁籠子的結跑了出來，還打開了鳥籠。於是，不出我們所料，這下可美了這個米索夫二世了。

米索夫二世沒有想到自己會因為犯了錯，而被關禁閉（葛蘭德維爾的版畫雕刻）。

第二天早上，管家米歇爾匆忙跑來叫醒主人大仲馬，結結巴巴的向他報告一件可怕的壞消息：「所有的鳥都被吃了！猴子跑出來打開了鳥籠，而其他動物吃了鳥……」。

管家想一槍打死這隻該死的貓，但立即遭到大仲馬的反對。他將這些猴子重新關進修補後的籠子裡，並找來他的朋友們，重新模擬那一幕。雖然這隻貓所犯下的錯誤非常嚴重，但大家都認爲可以對牠從輕量刑，最後決定將牠關在那個牠闖禍的籠子裡進行禁閉，並在柵欄外放上麵包和水，這隻倒楣的貓便開始被遺棄的餓死之路。不過，後來大仲馬看牠實在可憐，就把牠放出來，於是，這隻貓又回到快樂的生活中。這就是眞實生活中的傳奇故事！

貴族的愛妃

諾曼第人認為黑貓的尾巴上有靈氣。出生於法國的小說家巴貝德瑞維利，對這件事的了解要比一般人深入。用他的話來說，他的愛貓長得就好像在黑色天鵝絨中鑲了兩顆金色的眼睛。這隻小傢伙長了一身安哥拉貓的毛，可愛極了。牠是1884年和牠的主人，即《惡魔》（Diabolique）一書的作者生活在一起的；作者替牠取名叫「德斯得蒙那」，但他從來不這麼叫牠，而是以更親近的名字「德蒙奈特」或「德蒙奈特公主」來稱呼牠。

作家住在巴黎榮軍院附近，他特別喜歡這隻什麼都要管的小貓。主人為牠戴上綠色的花邊領帶時，牠會生氣、焦躁的四處亂竄；如果牠看到斑點貓巴特隆在樓梯上乞求食物卻只能拿到一點，這可是牠最開心的時候了！作家的好友路易斯在作家去世後把巴特隆帶回家，也同樣看到了這好笑的一幕。

有一天，德蒙奈特看到有人給了巴特隆一些吃的，非常氣憤，於是竄了過去，牠先是不露聲色，等到巴特隆不注意的時候，再咬起地上的麵包，飛也似的跑回臥室。

巴貝德瑞維利和其寵貓「德蒙奈特」(Demonette)，奧斯特魯夫斯基（L. Ostrowski）繪。

即便在德蒙奈特生了小貓斯普雷特以後，牠的壞脾氣依舊，反倒是牠孩子的脾氣比較溫順。不過，巴貝德瑞維利並沒有因為這隻小貓的脾氣而對牠不好，直到牠去世，他都非常珍愛他的小貓。

LA CHATTE

HENRI SAUGUET

會唱歌的貓

我們珍視索格，不僅因爲他是法國二十世紀最偉大的作曲家，也因爲他對貓的熱愛。他對貓的這份熱情，可以說是源於他年幼時的老師艾里克。五歲的時候，他就在故鄉波爾多的市集上作表演。長大點後，他在街上撿了隻小貓，叫牠「寇弟」（Cody），一個他崇拜的美國英雄之名。索格在這隻小貓去世的時候說：「我照顧牠是因爲我們之間有很深的感情，可憐的小傢伙，牠可是個好孩子……在我的眼裡牠就像個孩子，從年幼到成年，直到今天仍是。這種感情是透過在我生命中的這些貓才瞭解到的。這是一種鏈，一種貫穿我此生的鏈。」

在索格二十五歲的時候，寫了曲子「俄羅斯的芭蕾」（les Ballets russes），還根據艾索普和拉封丹的故事，編寫音樂劇《貓》，從此一舉成名。他還替波特萊爾的詩作曲以奉獻給貓，就像他爲歌頌黎塞留而作的芭蕾舞曲「紅衣主教和貓」（le Cardinal aux chats）。他曾養過阿比西尼亞貓和暹邏貓，其中一隻名叫「岡戴斯」，牠喜歡在鋼琴上品味女高音；某天，一位夫人在唱歌時出了錯，這隻貓馬上把爪子伸向了樂譜，唱錯的夫人道：

「先生，您的貓不喜歡音樂吧？」

「噢，牠是不喜歡您製造出的音樂！」對於這個質問，索格詼諧的說。

另外兩隻名叫波西法和維克多的小貓，也是這位作曲家的夥伴。他認爲，在他和貓之間的這些東西是無法表達出來的。這些貓最吸引人的地方就是牠們的莊嚴，美麗，與文雅。

索格和他那隻會唱歌的貓（1982年）。

房子中見得到的靈魂

讓·古克多就像一名巫師，能夠感覺到看不見的幽靈，這些幽靈其實就是其貓的鏡中幻象，也是他筆下人物奧爾菲（Orphee）的靈感來源。古克多寫到：「我喜歡貓，因為我喜歡房裡有這些看不見的靈魂，無論牠們的主人對牠們發號施令還是責備牠們；無論牠們舒服與否，牠們總是保持著特有的紳士風度。」除此之外，他還說牠們能充當守護家院的好幫手，但這個理論究竟正不正確呢？

古克多雖然總是對他的愛貓情結避而不談，但他在巴黎家中掛著的那些與小貓親熱的照片，卻將他對貓的愛展露無疑。後來他也將自己的小貓帶去參加貓展，或者將自己一些關於貓的作品拿去參展，也獲了獎。身為愛貓俱樂部的主席，他還為這裡的朋友們想了很多新穎活動。這些朋友中，安得烈夫人有一隻名叫「卡胡恩」的藍色波斯貓，這位女詩人竟然為這隻貓寫了一本書！另外，這隻貓也給了《美女與野獸》（la Belle et la Bete）的作者讓·古克多豐富的靈感。這隻貓最討古克多喜歡的地方，是牠的溫柔、聽話。

古克多和他的愛貓（1952）。

古克多在畫家村養了很多貓，並讓牠們自由的生活；其中有一隻白貓、一隻藍色波斯貓和一個暹羅貓大家庭。其中一隻暹羅貓還曾在貓展上取得冠軍，這隻貓

在影片《美女與野獸》中裝扮成野獸的吉恩·馬雷(Jean Marais)（1945）。

由古克多為愛貓俱樂部創作的徽標。

就叫做「西利・福・內斯」，是古克多一位電影界的朋友送給他的。這隻貓跟著古克多住在巴黎公寓，與古克多藝術界的友人們都離得很近。這隻貓還有專人看護，生了很多隻小貓。後來，在1950年，古克多還以牠的樣貌作爲俱樂部的標記。看著這隻小貓的家族一天天壯大，古克多感慨良多：「我生活中有許多的貓，牠們都非常聰明，最重要的是牠們懂得相互謙讓。而且最讓人無法理解的是，牠們的謙讓不只是我的想像而已，因爲牠們之中如果有一隻發出嚕嚕的聲音，其他貓就會馬上安靜下來。」

但這種寂靜並不會使古克多的創作缺少激情。古克多筆下的貓大多非常的離奇，像他在《一個關於貓的眞實故事》（Conte vrai sur la chate）中寫到有一個人去參加親戚的葬禮，把貓獨自留在家中。回來後，這隻貓便什麼也不吃，日漸消瘦，後來這個人把自己和這隻貓反鎖在屋裡。等大家發現他的時候，他已經死了，是他的貓咬死他，並喝光他的血。這算謀殺嗎？這應該是一種奠祭吧！

古克多所繪的另一幅畫作「安詳可愛的貓」，是1959年在畫家村的教堂中完成的，在那裡，他永遠的安息了……

長毛的保姆

海明威與一名軍官手捧心愛小貓。

海明威在哈瓦那(la Havane)的家。

文學的愛好者們都知道海明威（1899-1961）不僅是一位鬥牛愛好者，還是位執著的獵人。不過，貓咪愛好者仍舊原諒他的這些喜好，因爲他們知道他家中養了很多貓。

他的第一隻貓叫做「克里斯丁」，牠死後，到底由哪隻貓來代替這隻貓成了一個問題，當時十二歲的他還爲這件事寫了一首詩。可以肯定的是，這個好夥伴過早的離去，使得海明威非常痛苦，並對養貓不再抱有任何期望，因此，他之後的生活中一直沒有養貓。直到海明威到巴黎擔任記者，遇到了件稀奇事——一隻貓咪在海明威家裡當起保姆，不僅對海明威的小兒子喬寸步不離，還不讓任何人接近孩子，想給海明威夫婦創造安靜的環境。

1939年以後，海明威終於能盡情和心愛的貓咪玩耍了。當時他們住在哈瓦那，家中養了些普通品種貓，後來他也選了些黑色的和黑白相間的貓來養。在他後來的獨處生活中，他透過牠們暫時忘記生活上的不快。他提到：「我平等的對待牠們，牠們也明白；我從不過分溺愛牠們，但透過一些細微的表示，他們也能完全明白我對他們的好。」

海明威一隻靴子裡藏著他的小貓「公主」（Prince）。

Louis-Ferdinand Céline

貓的顛沛之旅

「貓也會獻媚，向你放電呢！」塞里納如是寫到。大家都知道《黑夜漫遊》（Voyage au bout de la nuit）的作者塞里納非常愛他的小貓「貝伯特」，人們也會發現這隻斑點貓出現在塞里納的眾多作品中，像《爲了第二次仙境》（Feerie pour une autre fois）、《另一個人的城堡》（D'un chateau l'autre）及《北方》（Nord）。

誰也沒預料到貝伯特會有這樣的未來。牠生於1935年，後來被塞里納的朋友喜劇作家羅伯特購買。第二次世界大戰爆發期間，這位朋友離開法國，因此塞里納便收養這隻貓；收養之前，這隻貓還沒有名字，收養後，塞里納以《黑夜漫遊》中一個小男孩的名字「貝伯特」爲牠命名。在1944年之前，這隻小貓的生活一直都非常平靜，直到作家由於政治立場問題，和妻子一起被流放到德國。

貝伯特的旅程要穿過這個滿目瘡痍的國家，塞里納在傳記中記述道：牠被放進一只包包，必須忍受著火車的擁擠、飢餓、寒冷。在丹麥待了六個年頭後，作家終於在1951年又回到了法國，貝伯特也總算有了可以玩耍的花園，牠最後壽終正寢，束了曲折的一生。塞里納此後雖然也飼養過其他貓和狗，但只有貝伯特是他文學作品中的重要角色。

塞里納和他的小貓「貝伯特」（1955）。

變成幽靈也要守護貓

喬治・布拉桑（1921-1981）是一位集作家、作曲家、翻譯家於一身的人物。他在他譜的那首〈勇敢的瑪果〉曲子中，歌頌貓富有熱情與感情，這首歌充滿對貓的頌揚和感動，承載了作曲家對貓的愛：

「瑪果解開她的衣襟，
爲她的小貓擠出奶水……」

這首歌在當時很受歡迎，因爲它既歡快又柔情！布拉桑對貓的愛十分眞誠，他非常欣賞這些貓，欣賞牠們的獨立，欣賞牠們的生活方式，欣賞牠們在感覺到嫉妒時會相互安慰。

從孩提時候起，布拉就有與貓一起生活的習慣。他後來在巴黎的第十四區生活的時候，也沒有感到不適應，因爲寄住的珍娜家也養著一大群貓。他甚至每天晚上還會幫貓點名呢！他不僅對貓如此，對家養的其他動物也會進行記錄，所以布拉桑專門找到一種方法來記錄牠們的名字、來的時間和死亡的時間，那就是將這些情況記在臥室的石膏壁上。

他沒有特別愛哪一隻貓，他愛這裡的每隻貓，並給予牠們同樣的寬容。只要他來到這些貓的房間，這些貓就會開心地向他迎上去。毫無疑問，這些貓與布拉桑結下了深厚的友誼，因此，無論是誰說這些貓的壞話，他都會毫不猶豫的爲貓進行辯白！就像他在遺囑中寫到的那樣：「如果有誰敢說我的貓壞話，我就會變成幽靈，永遠纏著他……」

在布拉桑的一生中，一直都有貓的陪伴（1974）。

陪伴路易的卡盧左和迪雯（1976）。

路易的保姆貓

法國小說家路易·諾瑟亞剛出生的時候，他第一眼看到的是一隻名叫「希奇」的小貓。在他後來寫的一部小說《貓》中，很多地方就是以這隻貓爲原型的。這隻貓不僅是他生活中的夥伴，還激發他不少的創作靈感。

對於路易來說，從小與貓在一起的成長經歷對他今後的發展影響很大。他們家住在尼斯，路易還未出生的時候，這隻小貓就已經是他們家中的一員了。之所以取名爲希奇，是因爲牠的主人非常崇拜當時一位來自塞內加爾的拳擊手希奇；這名拳擊手在1922年時在卡蓬特（Georges Carpentier）體育館得到了一場偉大比賽的勝利。對於小路易的出生，小希奇是非常開心的。當小路易還在醫院的時候，牠就睡在路易的搖籃下爲他守夜，還生怕自己守夜時的腳步聲會影響小路易的睡眠。這隻小貓就像那位與牠同名的拳擊手一樣，非常喜歡打拳擊：牠總喜歡去抓掛在繩子上的小紙團！在路易七歲的時候，這隻小貓因爲年齡關係，一覺睡去，再也沒醒來。路易的母親堅持說牠是睡著了，因爲她怕兒子會太傷心。

爲塡補內心的傷痛，他又養了兩隻貓。當時他和他的夫人住在巴黎蒙馬特，這兩隻貓一隻名爲「芳」，一隻名爲「魯基」。芳是一隻黑色的貓，在屁股上長了一撮小白毛，有人認爲這是上帝的指印。牠特別喜歡交談，因此主人稱牠是「能說的傢伙」。魯基是一隻沉默寡言的小斑貓，總是喜歡和主人一起看體育節目，牠的舉動看來好像可以預測比分似的！

最後陪伴路易的，是一隻名叫「卡盧左」的黑貓和一隻名叫「迪雯」的斑點貓。但迪雯也在一次車禍中命喪九泉。談到貓，作家說：「眞難以想像，如果生活中沒有這些謙和敏感的小貓會是什麼樣子？！」

碧雅翠絲・波特的貓

您應該好好看看碧雅翠絲・波特（1866-1943）的書，而不是哈利・波特；即使是這個享譽全球的小巫師也不會忘記碧雅翠絲，因爲她寫的美麗故事影響了一代又一代的英國孩童，使他們擁有一個又一個甜美的夢，這些故事讓他們對動物產生愛心，尤其是對貓！從她的書出版以來，在全世界的銷售量已經超過一億本。在她故事中，傳奇冒險的情節較少。她最早塑造的角色有小兔子、小松鼠、小貓和小老鼠。

貓媽媽對小貓叮嚀說：「別到處跑，別把衣服搞髒了！」

碧雅翠絲生長在倫敦一個家教甚嚴的家庭，她很早就顯露對繪畫和自然觀察的興趣。在二十七歲的時候，她開始寫一個小男孩的故事，並把她的畫用信寄了出去。收到畫的孩子都覺得她的畫非常有意思。所以她決定找一位編輯，於1902年出版她的《彼得兔的故事》（Pierre Lapin），很快就獲得迴響。截至1930年，她一共寫了二十三本故事書；她在這段時間結了婚，並在索瑞村買了一個她年幼時夢想的大農場，爲它取名「山頂」。爲了書寫童年的夢，她後來又創作《莫佩特小姐歷險記》（Mademoiselle Mitoufle）以及《湯姆小貓的傳說》（Tom Chaton）。

米托飛、湯姆和墨飛這三個小傢伙總是爲牠們的母親帶來麻煩。這些可愛小貓們的生活背景都是維多利亞時代像「山頂」這樣的田園風光。在這個農場，碧雅翠絲可以從很多她飼養的小動物生活中找出作品形象的泉源，即使在今天，她作品中這些調皮的形象依然吸引著人們的興致。

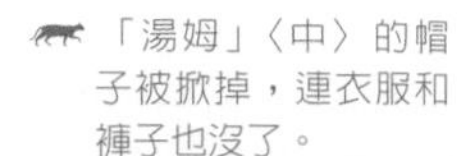

「湯姆」〈中〉的帽子被掀掉，連衣服和褲子也沒了。

麵包店的雙面女郎

在電影上，貓總會因爲與演員們配戲而小有名氣，貓小姐「蓬波奈特」就是這樣出名的。編劇家馬西派諾於1938年導演喜劇《麵包師的老婆》（la Femme du boulanger），貓小姐就曾在這部戲有不俗的表現。該片根據讓・吉諾寫的《尚・勒布勒》（Jean le bleu）一書改編而成。這隻小貓在戲中對這位麵包師傅的寓意很深，因爲這位麵包師傅的妻子跟別人跑了。爲了找尋飾演麵包師之妻的合適人選，導演帕尼奧爾先後找過好萊塢的影星克勞佛，和法國女演員勒克萊克，最後才決定由後者來扮演這個在劇中魅力四射的角色。

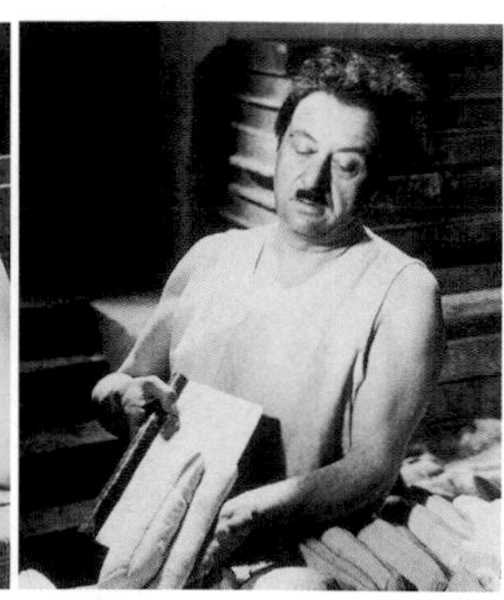
勒克萊克和羅杰在電影「麵包師的老婆」中的片段（1938）。

在帕尼奧爾的影片中，這隻名叫「蓬波奈特」的小貓爲了和新認識的情人在一起，從可憐的小絨球身邊逃走了。麵包師看到後，就在他老婆面前訓斥這隻小母貓，他老婆見了非常慚愧，她後悔自己的行爲，也知道麵包師其實是在指桑罵槐。於是，她最後放棄她的情人，像這隻小貓一樣，重新回到麵包師傅的身邊。

1985年，羅姆・薩瓦利、米歇爾與瓦萊將此劇改編後，在巴黎莫甘達劇場又將這部電影重新搬上舞臺。爲使劇情更加幽默，貓小姐蓬波奈特重新出現在銀幕上，爲配合劇情，也穿上了考究的衣服。最後，導演帕尼奧爾又改編電視版「麵包師的老婆」，並選擇羅傑和安德烈出演男女主角。

法國漫畫家阿爾貝・迪布（Albert Dubout）為該片畫的宣傳畫（1950）。

主人的知己

這是隻斑點貓，有著與眾不同的花紋，尾巴上的三角造型也非常漂亮。因爲吃得特別好，所以牠的眼睛又白又圓，這就是美國漫畫家克林班筆下的貓。雖然現實生活中的這隻貓早逝，但根據牠所畫的小貓卻在二十世紀風靡全球。

畫家克林班所畫的這一系列貓總是帶有一種神秘感，使得愛好者們總是把這幅畫掛在家中最顯眼的地方，我們完全能夠理解！這隻貓滑稽、諷刺、虛幻的形象，曾出現在一本名爲《貓》的小畫冊（1976年）中，讀者們都非常喜歡。這本小畫冊後來在1983年傳入法國，並且很快就獲得迴響。這隻貓的成功使克林班快速從一個無名小卒掘起，成爲一位世人皆知的漫畫家，當然，這一切與這家聘他畫插畫的雜誌社也是密不可分的！

克林班是何許人呢？克林班畫的大貓是我們大家喜歡的人物。我們都知道他生於康乃狄格州，並且在紐約學習過繪畫，他的貓在那裡死了。於是他去餵食鄰居的貓以獲得精神上的慰藉。在他爲數不多的採訪中，他曾經表示：「我喜歡貓是有原因的。我非常喜歡牠們，但成功讓我害怕。我畫貓其實是爲了自我娛樂，但我在晚上總會被各種電話騷擾，後來我就不再向任何人透露我的電話號碼了。」雖然他的成功延續了十五年，但他的心中一直掛念那隻死去的貓，從沒眞正開心過。

克林班並沒有快樂地安度晚年，在五十多歲的時候就去世了。他創作的貓不僅吸引無數讀者，在日曆、畫冊，和其他很多的產品上也都能看到牠們的樣子。牠們的出現爲全世界的克林班貓迷們帶來歡樂。

雖然沒有名字，但卻有著強烈的個性，牠們就是克林班的貓。

SINE

滑稽的貓

野蠻的貓，很逗趣。

有誰不知道西內的貓呢？在十九世紀，法國小說家尚佛格里在《貓》一書中就曾寫過，當時有名畫家曾經畫過很多膾炙人口的貓作品，並讓這些貓開口說話。這名漫畫家就是貓的夥伴西內，是他找到這種表現貓的獨特方式。

他和美國超現實主義畫家費尼結識，費尼對貓也非常有興趣，某天，西內在費尼家吃晚飯，為了表示感謝，西內並沒有像一般人那樣致謝，而是為他畫了一隻貓，並寫下幾句有意思的話。對於這件事，西內是這樣向記者馬丁說的：「我畫了五張小丑、憤怒貓咪等圖畫，並貼上郵票寄了過去，費尼看過之後非常高興。其實，我畫這些圖一開始只是為了好玩的。」

就這樣，西內和費尼開始相互交流這個小貓，並很快的把這個主題交給一位漫畫家。但有一天，在西內不知情的情況下，有幾幅西內的畫被印在卡片上。西內和費尼本來非常生氣，但很快西內就不氣了，因為法國晚報邀請他畫連載漫畫；每天畫一隻，很快就集結成一本畫冊，這本畫冊賣得很好，他看到自己畫的貓這麼成功也非常開心。在現實生活中，西內也非常喜歡貓，尤其喜歡灰白色的貓！

延伸的貓：引發人們的思考！

讓藍色小精靈發抖的貓

雖然這個故事聽來實在太不可思議，但事實就是這樣。在1958年，兩位雜誌的插畫家正在海邊的屋裡吃午飯，貝約（1928-1992）一時找不出適當詞彙來形容盛鹽的瓶子，於是就對他的同伴說「把『schtroumpfs』給我！」就這樣，他們兩個人開始使用這個詞來代替鹽罐。只是當時貝約並沒想到，這個詞在往後還有其他的用處。

為了制住阿茲雷爾，用這種土魯斯風氣體是最有效的。

當他們在畫一部畫冊時，忽然想到可以用schtroumpfs來當做藍色小精靈的名字。這部畫冊很快就獲得了廣大的迴響，貝約就是《藍色小精靈》這部畫冊的原創者。後來，爲了豐富藍色小精靈的故事，又由漫畫家皮艾爾加入一個名叫「格格巫」的壞巫師，和一隻被魔鬼附身的貓「阿茲雷爾」，他們第一次出場是在「藍色小精靈的小偷」那一集。這隻貓最爲可惡，看到藍色小精靈就流口水，小朋友們都非常討厭這個角色！不過還好，阿茲雷爾總抓不住藍色小精靈，藍色小精靈每次都可以化險爲夷。

但可別因爲這樣就推測說貝約不喜歡貓！在1949年，他又畫了另外一個形象——可愛的「普西貓」，這隻貓也和那隻可惡的阿茲雷爾一樣，廣爲人知。

違反道德標準

1968年5月是影響漫畫界甚鉅的一個月——「怪貓菲力茲」就是在當時出名的。但牠的出現是在學生遊行之前四年！牠的創始人羅伯特·克魯伯，本來只是想替著名的菲力貓找個對手。怪貓菲力茲與菲力貓截然不同：怪貓菲力茲墮落、暴力、好色、反社會，還是個小偷、癮君子……總之，克魯伯就是想讓這個角色看起來越壞越好。

這個怪貓的「誕生」一開始並不容易，因爲保守的美國人戴著有色眼鏡來看待這隻可能會對青年們產生不良影響的貓，所以《Help》畫刊的主編們十分猶豫是否要出版這個漫畫。克魯伯堅信自己創造的人物一定可以成功，但是這些主編還是認爲出版「怪貓菲力茲」的風險很大，因此不停想著如果失敗的話，應該怎樣應付。況且克魯伯筆下的這些貓、小豬和烏鴉都太像眞人了……

但是，1968年糊塗塌客（Woodstock）的成功，以及越戰都改變人們的想法，怪貓菲力茲於是得以出版，這讓克魯伯鬆了一口氣。對於別人誹謗他的作品，指控他的孩子吸毒、偷車後還殺人，甚至說他會被他的前任女友暗殺等等，他都毫不在乎。作者認爲這個動畫形象塑造最爲成功的是最初的兩部動畫片，即「怪貓菲力茲」和「怪貓菲力茲的新生活」。儘管如此，這兩部片子還是禁止十八歲以下的孩子觀看的……

怪貓菲力茲在電影中總是做著墮落的事情。

在奧黛麗・赫本背上的貓

這可眞是隻幸運的貓！如果我們是會演戲的貓，有什麼比和當紅的影星奧黛麗・赫本一起拍戲更風光的事呢？「橘子」，別名胡帕博，就是這樣一隻幸運的小貓。牠在愛德華茲導演的喜劇《第凡內早餐》（Breakfast at Tiffany's）的演出中展現了非常專業的表演才能。

牠是隻神貓？那可不！表面上看，牠就是一隻普通的暗紅色小貓，但卻演出過很多著名的電影和電視節目，與許多電影明星們一起演過戲，牠在銀行的存款甚至超過25萬美金，這樣輝煌的成績還眞是讓人們感到有些不可思議……

這隻貓的主人佛朗克，最早是替參加電影拍攝的狗進行訓練，隨著劇組對這項服務的需求越來越多，所以他後來也替貓進行訓練。橘子非常具有拍攝的天賦，在與雷・米蘭合作拍攝電影《大黃》（Rhubarb）（1951）後一舉成名，牠在片中的角色是一隻獲得大筆遺產的貓。牠的演藝之路一帆風順。在愛德華茲導演的《第凡內早餐》中，牠飾演一隻在紐約街頭被奧黛麗・赫本收養的流浪貓。後來在由吉恩・凱利導演的《美麗城中的流浪者》（le clochard de Belleville）（1962）一片中又與傑克・格里森一起聯袂演出。在牠的演藝生涯中，還曾兩度榮獲帕特茲獎（授予動物的奧斯卡獎），並有一筆可觀的積蓄；一位製片人曾開玩笑地說牠是動物中的守財奴！但試想，如果是一位如此高知名度的影星，存錢有什麼好奇怪的？畢竟，誰又能知道明天會發生什麼事呢？

「橘子」站在奧黛麗・赫本的身上，為熟睡的她守夜。

有毛絨腳爪的偵探

這些年，好萊塢對於貓角色的遴選，都是普通的貓獨占鰲頭，「橘子」就是一個很好的例子。在牠之後，在電視上可以經常看到「喬」的身影。喬也是一隻暗紅色、帶有淺色斑點的貓，在影片《異形》（1979）中，牠一看見異形就會嚇得鑽進雪歌妮薇佛的臂彎裡。由此可知，貓的時代到來了，特別是暹羅貓。

第一隻是「皮威克」，牠在《奪情記》（1958）中與詹姆士・史都華及金・露華一起演出。後來，根據設計師們的要求，華德・迪士尼工作室開始宣傳一隻名叫「辛」的暹羅貓。在影片《酷貓妙探》（That Darn Cat）中，辛飾演一個替聯邦調查局蒐集情報的貓神探，當牠斜眼一瞥可說是靈氣十足。

暹邏貓在影片中扮演了重要角色。

1966年，辛親赴巴黎參加這部電影的發表會，並出席了在巴黎洲際酒店舉辦的第四十二屆世界貓咪博覽會，與公眾見面，當時酒店對辛的照顧可謂無微不至。辛最讓媒體關注的是，牠曾要求在整個拍攝期間，要有和泰勒一樣豪華的房間居住以及十萬法郎的保險。另外，與大眾見面的時候，籠子要塗上金黃色和紅色，並在籠子邊掛上牠這些年來獲得的獎章。與牠隨行的還有牠的私人醫生和一位專門替牠保養的工作人員，牠也受到不同階層的愛貓人尊敬。你說，貓到底算不算是明星呢？